ÁPIS DIVERTIDO

5º ANO

Ensino Fundamental

CIÊNCIAS

🔸 ESTE MATERIAL PODERÁ SER DESTACADO E USADO PARA AUXILIAR O ESTUDO DE ALGUNS ASSUNTOS VISTOS NO LIVRO.

NOME: _____ TURMA: _____

ESCOLA: _____

editora ática

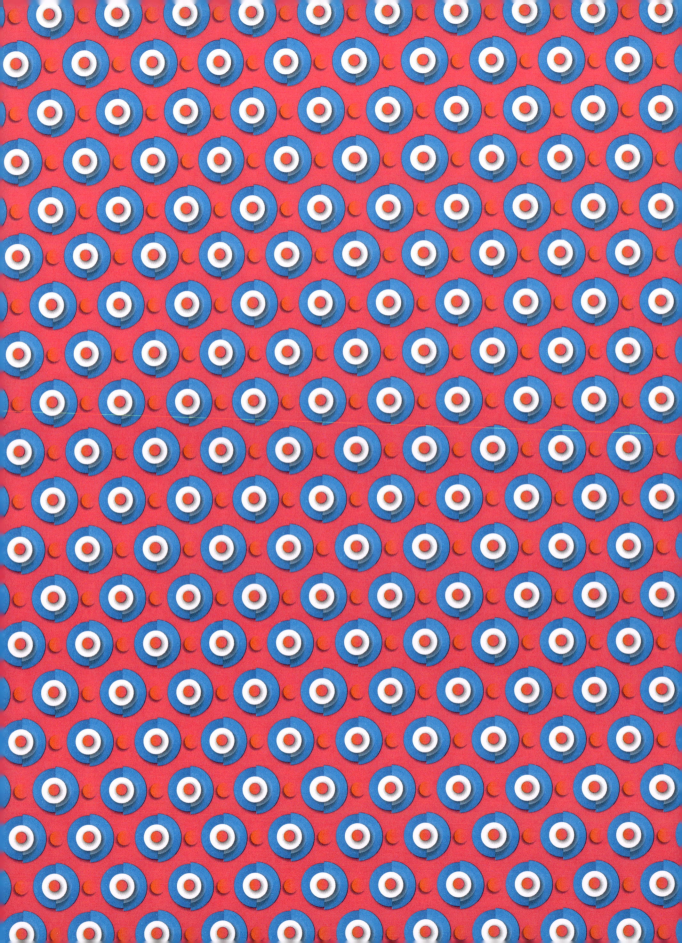

🧭 Mostrador da bússola

Destaque o mostrador abaixo para montar sua bússola na página 6 do **Caderno de atividades**.

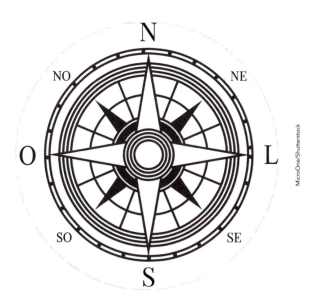

🧭 Sistema Solar

Destaque e monte o dado para brincar com o **Jogo do Sistema Solar**.

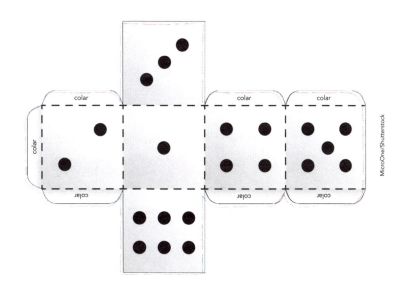

Dobre nas linhas tracejadas e cole as partes indicadas para montar o dado.

Cartas do Sistema Solar

Destaque as cartas abaixo e as das páginas 7 e 9 e brinque com o **Jogo do Sistema Solar**, cujo tabuleiro encontra-se na sequência deste **Ápis divertido**.

QUAL É O NOME DO ÚNICO SATÉLITE NATURAL DA TERRA?	QUEM É O CAÇADOR DA MITOLOGIA GREGA QUE DÁ NOME À CONSTELAÇÃO FORMADA, INCLUSIVE, PELAS TRÊS MARIAS?	QUAL É O NOME DA CIÊNCIA QUE ESTUDA O UNIVERSO?
QUAIS SÃO AS FASES DA LUA?	EM QUE FASE A LUA NÃO FICA VISÍVEL DA TERRA?	QUANTOS PLANETAS FAZEM PARTE DO SISTEMA SOLAR?

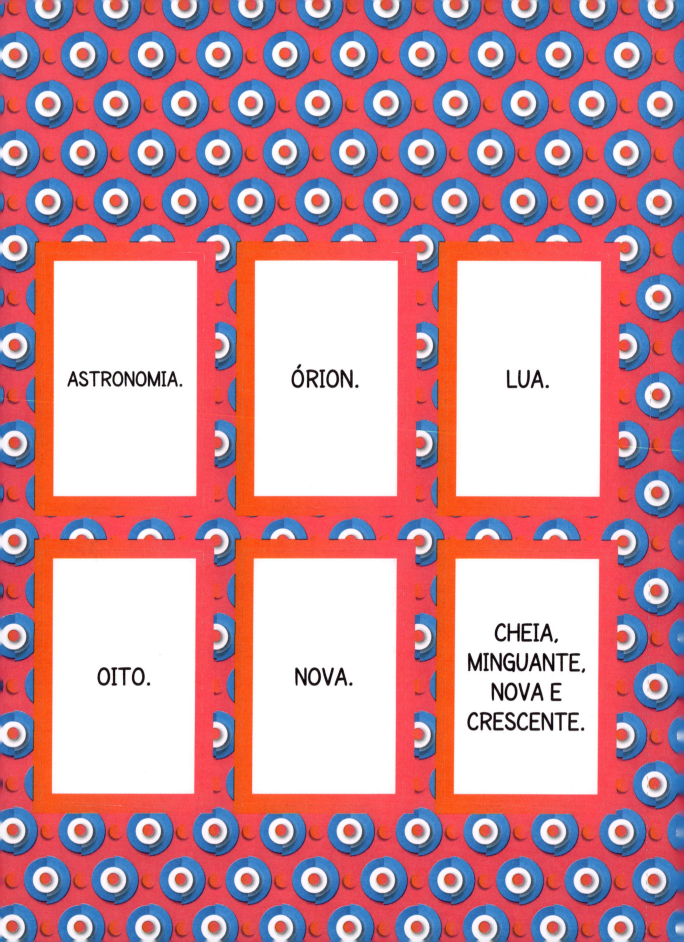

O QUE É UM EXOPLANETA?

QUAL É O NOME DO ASTRO LOCALIZADO NO CENTRO DO SISTEMA DO QUAL A TERRA FAZ PARTE?

NEM TODOS OS PLANETAS POSSUEM LUAS. CERTO OU ERRADO?

QUAL É O NOME DO PLANETA MAIS PRÓXIMO DO SOL?

QUAL É A COMPOSIÇÃO BÁSICA DO SOL?

QUAL É O MAIOR PLANETA DO SISTEMA SOLAR?

CERTO.	SOL.	PLANETA QUE NÃO PERTENCE AO SISTEMA SOLAR.
JÚPITER.	HIDROGÊNIO E HÉLIO.	MERCÚRIO.

AS DIFERENÇAS DE ILUMINAÇÃO SOLAR QUE ATINGEM PORÇÕES OPOSTAS DA TERRA DÃO ORIGEM A QUÊ?	QUAL É O NOME DO MOVIMENTO QUE A TERRA EXECUTA AO GIRAR EM TORNO DO PRÓPRIO EIXO?	EXISTEM MUITOS SISTEMAS ALÉM DO SISTEMA SOLAR, MAS APENAS UMA GALÁXIA, A VIA LÁCTEA. CERTO OU ERRADO?
DO ESPAÇO É POSSÍVEL VER QUE A TERRA É COLORIDA. O QUE SÃO AS SUAS PORÇÕES AZUIS?	CITE UM RECURSO QUE POSSIBILITA A LOCALIZAÇÃO DE UMA ESTRELA E SUA POSIÇÃO EM RELAÇÃO ÀS DEMAIS.	QUE INSTRUMENTO DE OBSERVAÇÃO DO CÉU FUNCIONA COM JOGO DE ESPELHOS?

ERRADO.	ROTAÇÃO.	DIAS E NOITES.
TELESCÓPIO.	GLOBO CELESTE, PLANISFÉRIO OU APLICATIVO COM MAPAS DO CÉU.	OCEANOS.

Órgãos do corpo humano

Destaque as figuras dos órgãos do corpo humano desta e da próxima página para brincar com o jogo **Preenchendo o corpo humano** deste **Ápis divertido**.

Elementos representados em tamanhos não proporcionais entre si.

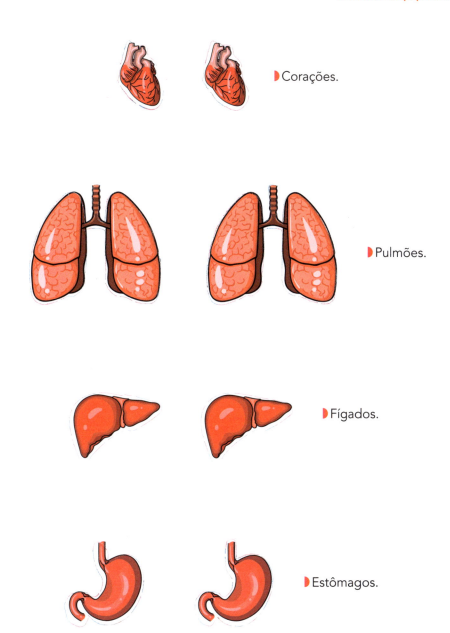

▸ Corações.

▸ Pulmões.

▸ Fígados.

▸ Estômagos.

11

◖ **Elementos representados em tamanhos não proporcionais entre si.**

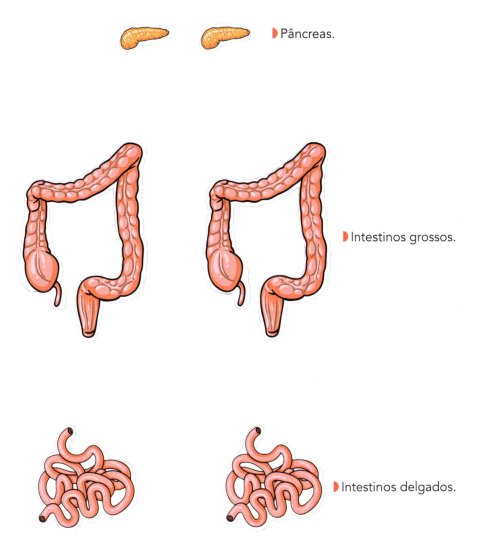

◗ Pâncreas.

◗ Intestinos grossos.

◗ Intestinos delgados.

◗ Traqueias.

Ilustrações: Panda Vector/Shutterstock

13

🔸 Bloco de anotações

Junte 15 folhas de papel que já foram utilizadas em apenas um dos lados e corte-as em quadrados de 15 centímetros. Destaque a capa abaixo e, com um grampeador, fixe-a com as folhas que você separou – os lados que já foram usados devem ficar voltados para baixo. Pronto! Você acabou de fazer um bloco de anotações e ajudou a diminuir o consumo de recursos e o descarte de lixo!

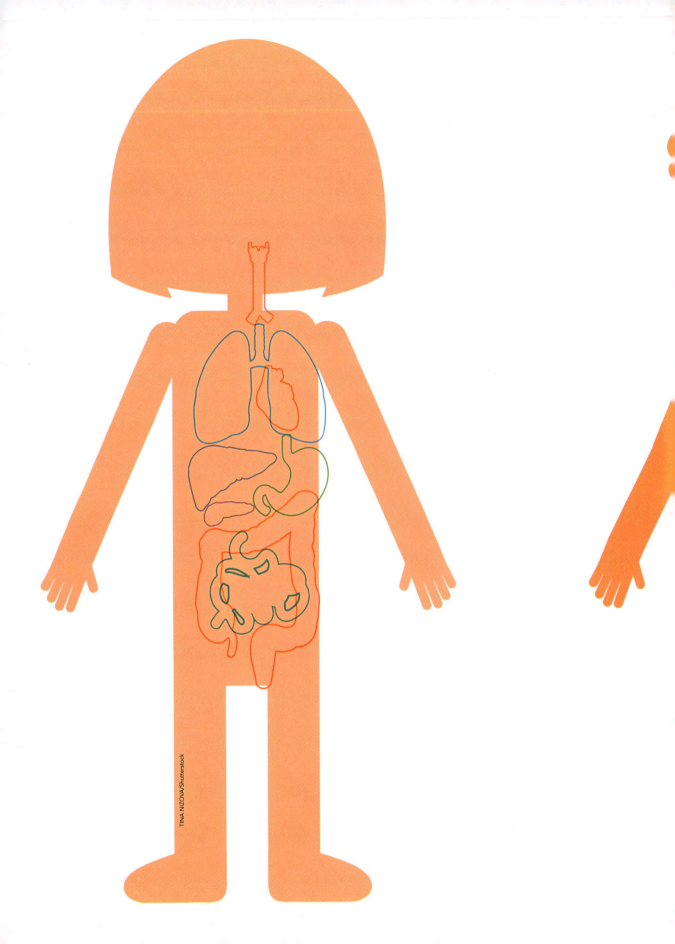

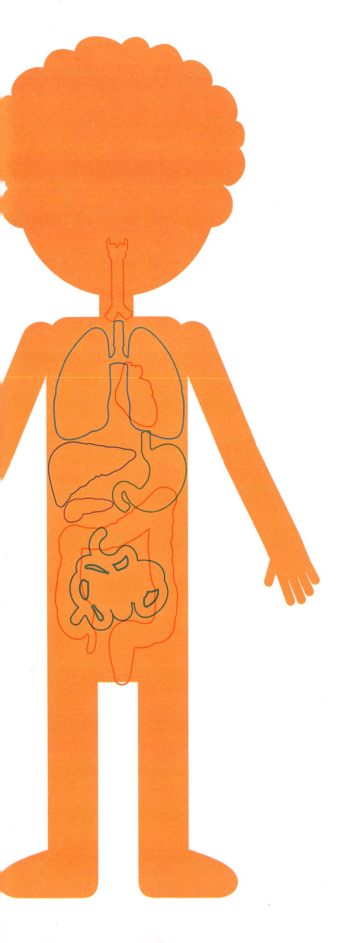

Preenchendo o corpo humano

Chegou a hora de descobrir a palavra correta, completar os espaços e se divertir com este jogo!

Quantidade de jogadores
- 3

Material
- Figuras dos órgãos das páginas 11 e 13.

Como jogar
- Antes de iniciar o jogo, sorteie o participante responsável por definir uma palavra secreta, que precisa ser relacionada aos sistemas digestório, circulatório ou respiratório. Os outros dois jogadores devem escolher, cada um, uma das duas figuras de corpo humano ao lado.
- O participante que escolheu a palavra deve desenhar um traço para cada letra dela. Exemplo, no caso de "nutriente":
  __ __ __ __ __ __ __ __ __
- Os demais jogadores devem tentar desvendar a palavra, letra por letra. Para isso, a cada rodada, um participante menciona uma vogal ou consoante.
- Se a letra fizer parte da palavra, o jogador responsável por ela preenche o traço correspondente. Exemplo, no caso da letra "E": __ __ __ __ __ _E_ __ __ _E_
- Os jogadores se alternam para falar as letras.
- Estando a palavra preenchida ou não, caso um jogador queira tentar adivinhá-la, ele pode apenas arriscar o palpite na sua vez, após dizer uma letra.
- Quem acertar a palavra primeiro recebe um órgão do corpo e deve encaixá-lo na posição correta da sua figura do corpo humano.
- Novas palavras devem ser escolhidas pelo mesmo participante, repetindo-se o processo até que um dos dois jogadores consiga preencher todos os contornos dos órgãos e vencer a brincadeira.

Jogo do Sistema Solar

Vamos percorrer a trilha para encarar este jogo. Leia as instruções com os colegas e bom divertimento!

Quantidade de jogadores
- de 2 a 4

Material
- Feijões ou tampinhas de garrafa.
- Dado da página 3.
- Cartas das páginas 5, 7 e 9.

Como jogar
- Antes de iniciar o jogo, embaralhe as cartas – sem ler seus conteúdos – e faça um monte com as perguntas voltadas para cima.
- Sorteie a ordem de jogada dos participantes.
- Na sua vez, jogue o dado para saber quantas casas avançar. Utilize o feijão ou a tampinha de garrafa para marcar seu avanço no tabuleiro.
- Ao chegar a uma casa com texto, leia-o em voz alta e siga a instrução.
- Caso precise pegar uma carta, mantenha a pergunta voltada para você e não leia o verso, onde se encontra a resposta.
- Vence quem percorrer todo o Sistema Solar primeiro.

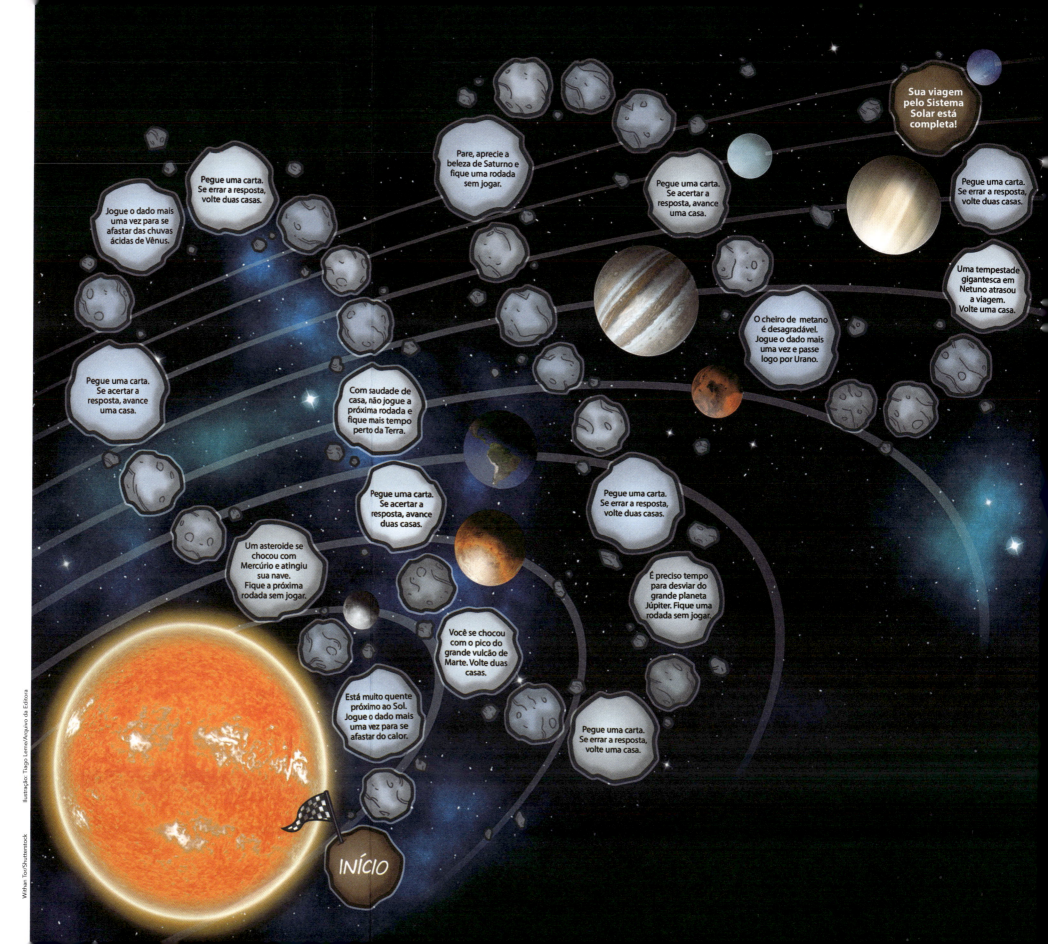

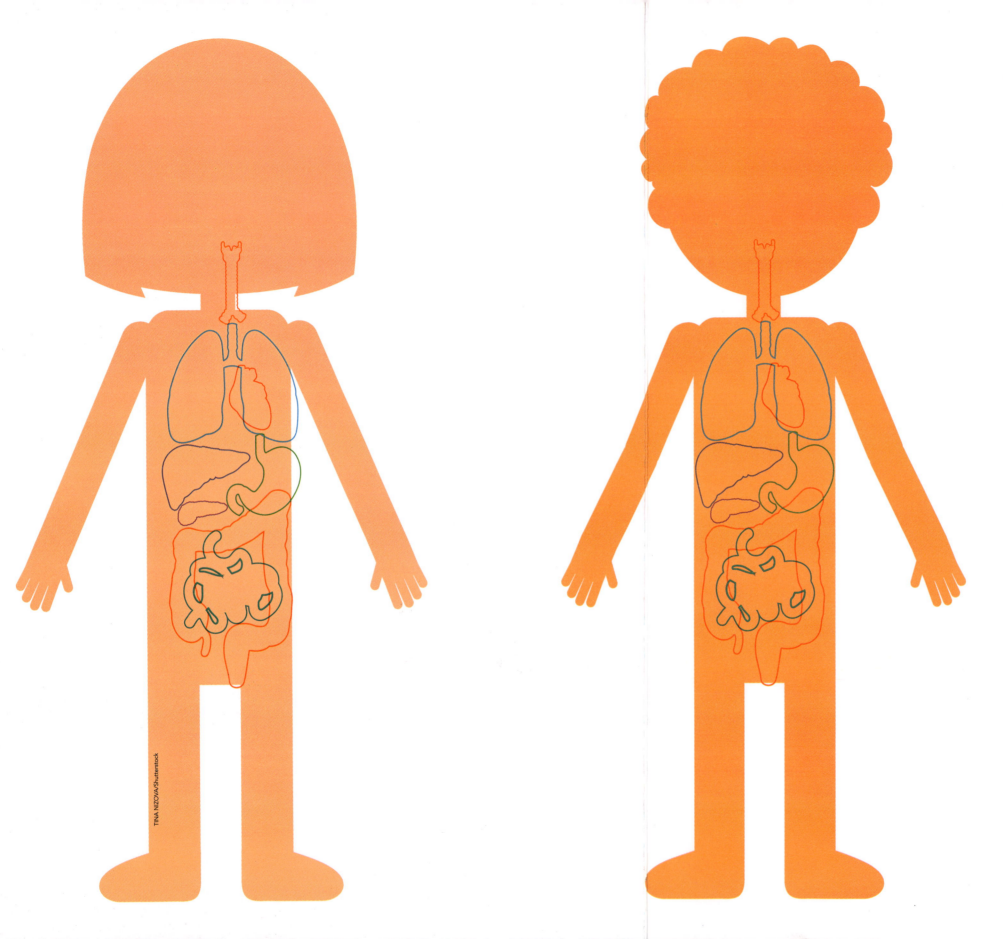

Preenchendo o corpo humano

Chegou a hora de descobrir a palavra correta, completar os espaços e se divertir com este jogo!

Quantidade de jogadores
- 3

Material
- Figuras dos órgãos das páginas 11 e 13.

Como jogar
- Antes de iniciar o jogo, sorteie o participante responsável por definir uma palavra secreta, que precisa ser relacionada aos sistemas digestório, circulatório ou respiratório. Os outros dois jogadores devem escolher, cada um, uma das duas figuras de corpo humano ao lado.
- O participante que escolheu a palavra deve desenhar um traço para cada letra dela. Exemplo, no caso de "nutriente":
  __ __ __ __ __ __ __ __ __
- Os demais jogadores devem tentar desvendar a palavra, letra por letra. Para isso, a cada rodada, um participante menciona uma vogal ou consoante.
- Se a letra fizer parte da palavra, o jogador responsável por ela preenche o traço correspondente. Exemplo, no caso da letra "E":__ __ __ __ __ E __ __ E
- Os jogadores se alternam para falar as letras.
- Estando a palavra preenchida ou não, caso um jogador queira tentar adivinhá-la, ele pode apenas arriscar o palpite na sua vez, após dizer uma letra.
- Quem acertar a palavra primeiro recebe um órgão do corpo e deve encaixá-lo na posição correta da sua figura do corpo humano.
- Novas palavras devem ser escolhidas pelo mesmo participante, repetindo-se o processo até que um dos dois jogadores consiga preencher todos os contornos dos órgãos e vencer a brincadeira.

CIÊNCIAS E LINGUAGEM

CIÊNCIAS

5º ANO
Ensino Fundamental

NOME: _____ TURMA: _____
ESCOLA: _____

editora ática

Preparado para mais este desafio?

Neste complemento você encontrará vários textos jornalísticos. São notícias e reportagens que abordam assuntos relacionados ao que você estudou em Ciências durante este ano. Dessa maneira, ao mesmo tempo que você lê os textos jornalísticos, também poderá rever o que estudou.

No final, você será convidado a se organizar com os colegas para fazer um jornal que trate de temas que vocês estudaram em Ciências neste ano.

Você tem o hábito de ler jornais ou revistas? Que tal prestar atenção em algumas características que o texto jornalístico apresenta?

Nestas páginas, você vai encontrar dois textos jornalísticos. Sinalizamos nas margens as principais partes de cada um. Preste atenção nelas. Assim, quando for escrever suas notícias ou reportagens, poderá se orientar por esses exemplos.

Título: geralmente dá alguma indicação do tema ao qual o texto se refere.

Texto introdutório: oferece um resumo do que será abordado no texto. Em geral é curto, com poucas frases.

Texto da notícia: é o relato da notícia propriamente dito. Apresenta o fato, dá as principais informações relacionadas a ele e, no final, pode trazer um comentário do jornalista ou possíveis repercussões daquilo que está sendo noticiado.

Foto: apresenta imagens do que é noticiado.

Legenda: identifica a imagem apresentada.

Crédito de fotos, gráficos e esquemas: identifica quem ou que empresa produziu ou divulgou as imagens apresentadas.

Crédito: identifica quem escreveu a notícia.

Parabéns pra você...

O telescópio espacial Hubble celebra 25 anos – conheça a história deste bravo guerreiro do espaço!

Você já visitou um observatório astronômico? Já teve a oportunidade de olhar para o céu limpinho, repleto de estrelas? Agora, imagine ter essa visão de fora do nosso planeta, não seria incrível? Acima da atmosfera, orbitando a Terra com a velocidade de oito quilômetros por segundo, está o telescópio espacial Hubble, que completa 25 anos este mês [abril de 2015].

Lançado em 24 de abril de 1990, o Hubble tem como principal objetivo fazer imagens claras do espaço – melhores que as dos telescópios instalados em terra, que enfrentam dificuldades como as condições atmosféricas, que podem piorar a qualidade das imagens. A construção do Hubble e sua operação ficam a cargo da agência espacial americana, ou Nasa, na sigla em inglês.

Pouco depois do lançamento, os cientistas e engenheiros envolvidos na operação do telescópio detectaram um defeito. Em vez das imagens claras que eram esperadas, os cientistas começaram a ver imagens borradas. E como resolver isso? Felizmente, o Hubble foi projetado para receber reparos lá no espaço, sem precisar voltar à Terra. Assim, decidiu-se instalar um conjunto de espelhos capaz de consertar o problema.

Em 1993, sete corajosos astronautas embarcaram na primeira missão de reparo do Hubble e o deixaram pronto para funcionar a todo o vapor. Após esta primeira missão, outras viagens para troca de peças e equipamentos foram feitas.

[...]

Com o passar do tempo, as peças do Hubble ficarão muito velhas, até que não poderão mais ser usadas. Assim, a vida do telescópio está perto do fim. Em 2018, será lançado o telescópio espacial James Webb, que irá substituir o Hubble em algumas de suas funções. Até lá, no entanto, muitos cientistas ainda continuarão contando com os dados do Hubble em suas pesquisas astronômicas.

LOPES, Everton. Parabéns pra você... **Ciência Hoje das Crianças**, 24 abr. 2015. Disponível em: <http://chc.org.br/parabens-pra-voce-2/>. Acesso em: abr. 2020.

Telescópio espacial Hubble em órbita.

Reprodução proibida. Artigo 184 do Código Penal e Lei n. 9 610, de 19/2/1998.

4

A dieta do atleta olímpico

O pão e o macarrão estão no pódio dos alimentos essenciais para garantir força e resistência para as provas

O ginasta Arthur Zanetti não dispensa o macarrão e a batata.

Não importa a modalidade: os atletas que vão disputar os Jogos Olímpicos [...] preparam um cardápio especial para ter a melhor *performance* e disputar a cobiçada medalha de ouro. Afinal, a alimentação correta garante músculos preparados e energia de sobra em instantes decisivos.

[...]

Cada modalidade esportiva, explica Vanderli [Vanderli Marchiori, nutricionista], exige um aporte calórico e proteico diferente. [...] No caso de Zanetti, dos boxeadores e dos atletas das artes marciais, é preciso estar em dia com o peso. "Eles seguem dietas com maior aporte de proteínas durante a fase de treinos, redução de sal e um pouco mais de fontes de carboidrato", diz.

As proteínas têm um papel fundamental no desenvolvimento da musculatura. O sal tem sódio, mineral que em excesso favorece a retenção de líquidos no corpo, o que pode provocar mudanças para cima na balança.

O prato do atleta

A função de cada nutriente no desempenho do atleta
Proteínas: são fundamentais para desenvolver a musculatura e reparar os tecidos lesionados.
Carboidratos: são a principal fonte de energia dos esportistas e garantem força e fôlego para provas longas.
Gorduras: são elas que transportam as vitaminas e regulam os hormônios, mas, em excesso, favorecem o ganho de peso.

Para completar, o carboidrato é um manancial de energia, por isso não pode faltar no menu de atletas de maratona, ciclismo, natação ou triatlo, que demandam um maior consumo calórico do que o da média do cidadão comum. Afinal, essas práticas esportivas são de longa duração ou resistência – haja gás para manter o pique durante as provas.

[...]

A dieta do atleta olímpico. **Associação Brasileira da Indústria do Trigo (Abitrigo)**. Disponível em: <www.glutenconteminformacao.com.br/a-dieta-do-atleta-olimpico/>. Acesso em: abr. 2017. (Adaptado.)

> "O carboidrato é um manancial de energia, por isso não pode faltar no menu de atletas de maratona, ciclismo, natação ou triatlo, que demandam maior consumo calórico."

1 Leia o texto abaixo.

Fantástico Mundo Perdido

Conheça o parque brasileiro que protege uma parte dos tepuis, montanhas da Amazônia que inspiraram lendas, livros e filmes

Imagine uma região com vastas florestas tropicais e savanas. Como ilhas em um oceano verde, surgem do meio das matas montanhas tão altas que estão quase sempre cobertas por nuvens. De seus paredões de pedras escorrem as mais incríveis cachoeiras. E em seus topos, planos como imensas mesas, vivem espécies de plantas e animais que não existem em nenhum outro lugar do mundo. Parece a descrição de um cenário de filme de aventura, mas é uma paisagem real!

Os tepuis, como são chamadas essas montanhas achatadas do norte da Amazônia, são fascinantes e já inspiraram muitas lendas e estórias. Os índios da região consideravam que os tepuis eram a casa dos deuses. Antes de conseguirem escalar os tepuis, alguns exploradores acreditavam que seus topos poderiam esconder lendárias cidades feitas de ouro.

Certa vez, um escritor escocês – o mesmo que criou as estórias do detetive Sherlock Holmes –, ao ouvir falar dos tepuis, escreveu um livro chamado *O Mundo Perdido*, no qual descrevia criaturas incríveis como dinossauros e homens-macaco vivendo no alto daquelas montanhas. Mais recentemente, os tepuis inspiraram a criação do Paraíso das Cachoeiras, cenário em que se passa o filme de animação *Up – Altas Aventuras*.

Os tepuis são enormes montanhas planas que existem no norte da Amazônia. Quase sempre cobertos de nuvens, os tepuis têm um ar misterioso que inspirou diversas lendas e estórias de aventura.

Um dos mais altos tepuis, o monte Roraima, tem quase 3 000 metros de altitude e está localizado na divisa entre três países: Venezuela, Guiana e Brasil. Para proteger a parte brasileira desta montanha e a floresta a sua volta foi criado o Parque Nacional do Monte Roraima, no estado de Roraima. Dentro dos limites do parque está também o monte Caburaí, que é considerado o ponto mais ao norte do território brasileiro.

No alto do monte Roraima, a vegetação é dominada por arbustos, o chão é pedregoso e faz frio quase o ano todo, especialmente à noite, quando as temperaturas podem chegar perto de

O monte Roraima é um tepui considerado por povos indígenas a casa do deus-guerreiro Makunaíma. Outra lenda indígena diz que a montanha é a "mãe das águas" – os rios que correm no alto do monte formam cachoeiras enormes, que talvez tenham inspirado essa estória.

Entre as plantas que ocorrem no Parque Nacional do Monte Roraima estão diversas plantas carnívoras, como esta da espécie *Drosera roraimae*.

O sapinho-de-roraima (*Oreophrynella quelchii*) é encontrado apenas na região do monte Roraima. Do tamanho de uma tampinha de refrigerante, ele tem uma curiosa estratégia de defesa: quando se sente ameaçado, encolhe os braços e pernas e sai rolando ladeira abaixo.

zero grau Celsius. Dá para imaginar que as espécies típicas da floresta, acostumadas ao clima quente, não se dão muito bem lá em cima.

Por serem ambientes tão diferentes e isolados, o monte Roraima e os outros tepuis possuem espécies exclusivas (ou endêmicas, como os cientistas gostam de chamar) da flora e da fauna! Entre as plantas, há bromélias, orquídeas, samambaias e várias espécies de plantas carnívoras. Entre os animais endêmicos estão passarinhos, cuícas, lagartos, sapos e insetos.

A região do monte Roraima é ainda hoje muito pouco explorada. Isso leva os cientistas a acreditarem que espécies ainda desconhecidas permanecem escondidas em seus platôs. Mesmo que não abrigue cidades de ouro ou dinossauros, podemos dizer que este é verdadeiramente um mundo perdido!

PEDRO, Vinícius São. Fantástico mundo perdido. **Ciência Hoje das Crianças**, 10 maio 2016. Disponível em: <http://chc.org.br/fantastico-mundo-perdido/>. Acesso em: abr. 2020.

2 Agora, analise o texto e reveja o que você estudou neste ano.

a) Identifique o título do texto.

_____

_____

b) Identifique o texto que dá uma visão geral da notícia.

_____

_____

c) Escreva um parágrafo com poucas frases para resumir o texto.

_____

_____

_____

d) De acordo com a notícia, que lendas e estórias foram inspiradas nos tepuis?

_____

_____

_____

_____

e) Faça um desenho do parque citado na notícia, inspirado nas lendas e outras estórias relacionadas aos tepuis.

f) Escreva textos curtos que possam ser acrescentados à página do jornal, como boxes, e que expliquem:

- O que são parques nacionais?

_____

_____

_____

- Por que é importante criar parques nacionais?

_____

_____

_____

- Por que foi criado o Parque Nacional do Monte Roraima, citado na notícia?

_____

_____

g) Você sabe o que significam as palavras **flora** e **fauna**? Flora é o conjunto das plantas de um lugar, e fauna é o conjunto dos animais do lugar.

A notícia cita seres vivos endêmicos da flora e da fauna do monte Roraima, isto é, seres vivos que só são encontrados ali.

- Quais são os seres endêmicos da flora do monte, citados na notícia?

_____

_____

- Quais são os seres endêmicos da fauna do monte, citados na notícia?

_____

_____

- O que aconteceria a esses seres se o ambiente do monte Roraima fosse destruído?

_____

_____

Ciências e Linguagem

3 Leia o texto abaixo.

Água pode ter chegado à Lua levada por asteroides, diz estudo

Se futuras missões científicas puderem extrair oxigênio das moléculas de água, os astronautas poderiam viver e respirar dentro de bases no local

Uma equipe internacional de cientistas sugeriu que a água presente na Lua veio, **majoritariamente**, de asteroides que colidiram com a superfície lunar há bilhões de anos atrás, e não de cometas, como se acreditava. O estudo [...] foi feito com amostras de rochas lunares trazidas pelas missões Apollo, da **Nasa**.

Tendo surgido da colisão entre a Terra e um planeta do tamanho de Marte, há cerca de 4,5 bilhões de anos, a Lua teria sido bombardeada por [...] asteroides ricos em água e outros elementos voláteis – por dezenas de milhões de anos ou mais, segundo a pesquisa.

[...]

Estudos foram feitos com amostras de rochas lunares trazidas pelas missões Apollo, da Nasa.

Água na Lua

Depois que as missões Apollo coletaram rochas da superfície da Lua e as trouxeram para a Terra, cientistas passaram décadas convencidos de que o nosso vizinho celeste era completamente seco. Mas há quase uma década, novas tecnologias detectaram a presença de água naquelas amostras de poeira. [...]

Embora os cientistas hoje tenham certeza de que há água retida na Lua, eles não sabem em que quantidade, disse o coautor Roman Tartese, pesquisador do Instituto de Mineralogia do Museu Nacional de História Natural da França. "O interior lunar poderia conter 1 000 trilhões de toneladas" de água, disse Tartese.

Na superfície, estima-se que haja até um bilhão de toneladas de água congelada – o suficiente para encher um milhão de piscinas olímpicas – alojada em crateras profundas ao redor dos polos norte e sul lunares, aonde os raios do Sol não chegam. "Uma pesquisa recente concluiu que a água está presa lá há três ou quatro bilhões de anos", afirma Tartese.

Missões

A água na Lua poderia ter implicações muito práticas. Se futuras missões científicas puderem extrair oxigênio dessas moléculas, os astronautas poderiam respirar e viver dentro de bases na superfície lunar. Já o hidrogênio, se for separado do oxigênio, poderia ser usado como combustível para foguetes ou operações de mineração baseadas no espaço.

[...]

As novas evidências trazem novas perspectivas para as discussões entre os cientistas de [que,] ao trazer água para nosso Sistema Solar, os asteroides tiveram papel fundamental no surgimento da vida.

Água pode ter chegado à Lua levada por asteroides, diz estudo. **Veja.com**, 1º jun. 2016. Disponível em: <http://veja.abril.com.br/ciencia/agua-pode-ter-chegado-a-lua-levada-por-asteroides-diz-estudo-2/>. Acesso em: abr. 2020.

- **majoritário:** em maior número; em maioria.
- **Nasa:** agência espacial americana.

4 Agora, analise o texto e reveja o que você estudou neste ano.

a) Identifique o título do texto.

_____

_____

b) Identifique o texto introdutório da notícia.

_____

_____

_____

c) Esse texto introdutório não está bom, pois não dá uma visão geral da notícia. Sugira outro texto introdutório, que dê uma ideia mais precisa do conteúdo abordado.

_____

_____

_____

_____

_____

_____

d) Escreva um pequeno texto que poderia ser acrescentado à página do jornal como um boxe que explique o que você sabe sobre a exploração da Lua e do espaço, de maneira geral.

A exploração da Lua e do espaço

_____

_____

_____

_____

_____

Banco de imagens/
Arquivo da editora

e) Leia agora o trecho de uma notícia com o mesmo tema.

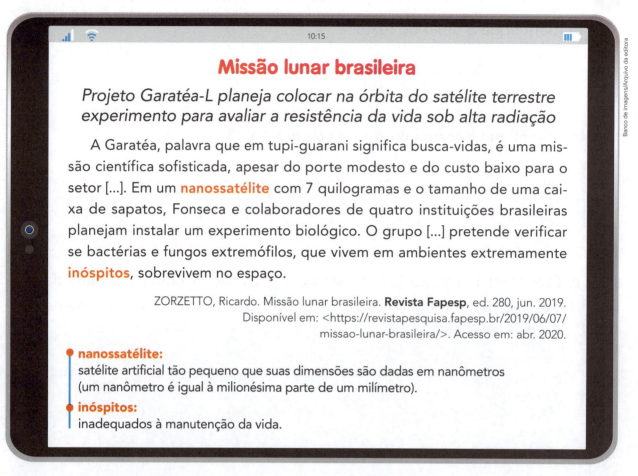

Missão lunar brasileira

Projeto Garatéa-L planeja colocar na órbita do satélite terrestre experimento para avaliar a resistência da vida sob alta radiação

A Garatéa, palavra que em tupi-guarani significa busca-vidas, é uma missão científica sofisticada, apesar do porte modesto e do custo baixo para o setor [...]. Em um **nanossatélite** com 7 quilogramas e o tamanho de uma caixa de sapatos, Fonseca e colaboradores de quatro instituições brasileiras planejam instalar um experimento biológico. O grupo [...] pretende verificar se bactérias e fungos extremófilos, que vivem em ambientes extremamente **inóspitos**, sobrevivem no espaço.

ZORZETTO, Ricardo. Missão lunar brasileira. **Revista Fapesp**, ed. 280, jun. 2019. Disponível em: <https://revistapesquisa.fapesp.br/2019/06/07/missao-lunar-brasileira/>. Acesso em: abr. 2020.

- **nanossatélite:** satélite artificial tão pequeno que suas dimensões são dadas em nanômetros (um nanômetro é igual à milionésima parte de um milímetro).
- **inóspitos:** inadequados à manutenção da vida.

- Segundo o texto, quais são os objetivos do projeto Garatéa?

- Converse com os colegas e respondam a estas questões: A exploração do espaço deve ser feita por apenas uma ou duas nações? Ou deveria envolver diversas nações do mundo? Por quê?

5 Leia o texto abaixo.

Esporte adaptado contribui para o desenvolvimento das crianças com deficiências

Limitações físicas não são impeditivo para praticar atividades e exercícios.
Na Associação Desportiva para Deficientes (ADD), em São Paulo, as crianças são estimuladas a fazer diferentes tipos de esportes. Foi lá que descobriram o talento do maior medalhista paralímpico brasileiro, Daniel Dias.

A prática esportiva melhora a autoestima da criança.

Ser mãe ou pai é uma tarefa desafiadora e surpreendente por si só. Mas, quando se descobre que um filho não poderá enxergar, andar ou que terá outras limitações, é preciso doses especiais de amor, coragem e empenho para assegurar que ele se desenvolva da melhor maneira possível.

Além de receber os cuidados necessários, é fundamental que a criança se sinta acolhida na sociedade e nos ambientes que frequenta. [...] Não raro, por mais inclusiva que a escola seja, a criança com deficiência é deixada de lado em certas atividades, principalmente as que envolvem exercícios físicos. Os pais devem ficar atentos a esse tipo de situação e buscar alternativas.

Foi o que fez Rafaela Lopes dos Santos, auxiliar de exames, 31 anos. O filho dela, Jonathas, 11, nasceu com uma má-formação na coluna e usa cadeira de rodas, mas isso não o impede de se exercitar e se divertir. "Ele pratica esporte desde os 6 anos, adora jogar basquete e *handbol*", conta a mãe. Essas atividades acontecem nas aulas da Associação Desportiva para Deficientes (ADD), uma instituição sem fins lucrativos, em São Paulo (SP), que promove a inclusão social por meio de programas de incentivo à prática esportiva. "O meu filho vai às aulas todos os sábados e sai muito feliz. Desde que comecei a levá-lo, senti bastante diferença no desenvolvimento. Ele ficou mais independente e até na escola passou a se enturmar mais", relata.

Muitos benefícios

Estima-se que 10% da população mundial (cerca de 650 milhões de pessoas) tenha alguma deficiência. Segundo a Organização das Nações Unidas (ONU), trata-se da "maior minoria do mundo". Aqui no país, dados do IBGE apontam que mais de um quinto dos brasileiros se declara deficiente – o que totaliza 45,6 milhões. As deficiências mais frequentes são visuais, físicas e auditivas. Ter alguma limitação, no entanto, não é motivo para deixar de se movimentar.
[...]

Duas décadas de história

Criada pelo professor de educação física Steven Dubner e pela administradora de empresas Eliane Miada em 1996, a ADD propicia o contato de crianças deficientes com o esporte, em aulas semanais que mesclam brincadeiras e exercícios. Foi lá, inclusive, que descobriram o talento do maior medalhista paralímpico brasileiro, o nadador Daniel Dias, quando ele ainda era criança.

"O professor Steve Dubner é brasileiro, mas trabalhou com esporte adaptado por muito tempo na Ásia, na Europa e nos Estados Unidos. Quando retornou ao país, buscou iniciativas que trabalhassem com isso e não encontrou", relembra a presidente da associação, Eliane Miada. Foi assim que ele percebeu que precisava começar seu próprio projeto.
[...]

VIEIRA, Maria Clara. Esporte adaptado: como ele contribui para o desenvolvimento das crianças com deficiências. **Globo.com**, 9 set. 2016. Disponível em: <http://revistacrescer.globo.com/Voce-precisa-saber/noticia/2016/09/paralimpiadas-esporte-contribui-para-o-desenvolvimento-de-criancas-com-deficiencias.html>. Acesso em: abr. 2020.

6 Agora, analise o texto e reveja o que você estudou neste ano.

a) Identifique o título do texto. Depois escreva um título de sua autoria que seja diferente dele.

_____

_____

_____

b) Circule o trecho do texto que introduz a reportagem.

c) Você sabe o que é uma escola **inclusiva**? É a escola que **inclui** entre seus alunos as crianças que têm algum tipo de deficiência física ou mental.

Segundo o texto, qual é o problema que até mesmo essas escolas apresentam?

_____

_____

_____

_____

_____

_____

d) Com base no que você estudou e leu nessa notícia, responda:

• Que benefícios as atividades físicas proporcionam às crianças de modo geral?

_____

_____

_____

_____

_____

_____

_____

_____

_____

- Que benefícios a prática de esportes proporciona a uma criança com deficiência física?

_____

_____

_____

_____

e) Você conhece o medalhista paralímpico Daniel Dias? Pesquise a história desse campeão brasileiro na internet e escreva uma reportagem curta sobre ele. O título pode ser "O esporte mudou sua vida" ou outro que você preferir. Não se esqueça de incluir uma fotografia, que você pode conseguir na internet, em revistas ou em jornais.

7 Leia o texto a seguir.

A saga da geladeira

Ela mudou a vida na Terra. Mas também tem seu lado vilã: furou a camada de ozônio [...]

Um dia você acorda com febre, calafrios, dor no corpo. Parece uma gripe, que vai embora depois de três ou quatro dias. Só que, um dia, a doença volta – e aí você percebe que a coisa é séria. Você começa a vomitar sangue, sua pele e seus olhos ficam amarelos, você mal consegue se mexer. Não há tratamento médico, inclusive porque os médicos não entendem o que está acontecendo. Mas [...] o seu médico vem trazendo uma coisa incrível: gelo, que ele coloca num balde ao lado da cama. Você se maravilha com aquela sensação fria, com o formato das pedras, com aquele negócio maravilhoso que você até sabia que existia, mas nunca tinha visto de perto.

O ano é 1851. A doença é a febre amarela, cuja causa só seria descoberta 50 anos depois. O seu médico é o americano John Gorrie e as pedras de gelo são artificiais, produzidas na primeira geladeira do mundo – que Gorrie acaba de inventar. Antes dela, a humanidade simplesmente não sabia como fazer gelo – o único jeito de consegui-lo era ir até as geleiras polares, quebrar pedaços delas e transportar de navio. Agora, qualquer um podia produzir quanto quisesse, em qualquer lugar. Bastava ter água e energia para alimentar a máquina. Gorrie

Geladeira comercializada na década de 1940.

percebeu que aquilo era revolucionário e foi atrás de investidores para fabricar e lançar sua invenção. Incrivelmente, ninguém topou – e ele morreu pobre, sozinho e amargurado, quatro anos depois.

Hoje é impossível imaginar a vida em sociedade sem a geladeira. É uma ferramenta tão essencial, e tão comum, que nem pensamos na história por trás dela (a humanidade domina o fogo há 100 mil anos, mas o gelo há apenas 150).

[...]

SAYURI, Juliana. A saga da geladeira. **Superinteressante**. São Paulo: Abril, p. 62-67, dez. 2016.

8 Agora, analise o texto e reveja o que você estudou neste ano.

a) Identifique o título do texto. Substitua-o por um título de sua autoria.

_____

_____

b) Identifique o texto introdutório da reportagem. Copie-o abaixo.

_____

_____

c) Quais são os aspectos positivos e negativos de uma geladeira?

_____

_____

_____

_____

_____

_____

_____

_____

d) Cortamos propositalmente o texto principal que fala da geladeira como vilã (como afirma o texto introdutório). Pesquise e responda:

• Por que se diz que a geladeira "furou a camada de ozônio" da Terra?

_____

_____

_____

• Qual é a importância da camada de ozônio para a Terra?

_____

_____

_____

Ciências e Linguagem

9 Leia o texto a seguir.

Poluição do ar anula os benefícios da pedalada?

Muitas ciclovias ficam em grandes avenidas. Seria a poluição dos automóveis um motivo para evitar o uso da bicicleta?

Os benefícios à saúde nos deslocamentos a pé ou de bicicleta podem ser anulados pela exposição do usuário à poluição atmosférica das cidades? A dúvida motivou a elaboração de uma pesquisa, com atuação conjunta de especialistas de Inglaterra, Escócia, Espanha, Suíça e Brasil.

O estudo comparou riscos da poluição do ar à saúde, cruzados com os benefícios relacionados à prática do ciclismo ou da caminhada [...], levando em conta diversos cenários de concentrações de detritos na atmosfera e de duração das viagens. O objetivo era medir em qual momento os prejuízos à saúde causados pela exposição superaria os benefícios da escolha do modo ativo de locomoção.

Na quase totalidade dos locais pesquisados, pedalar ou caminhar ainda é um bom negócio, mesmo em locais poluídos. "Constatamos que, em 98% das cidades no mundo, os benefícios à saúde proporcionados pela caminhada ou por andar de bicicleta só começam a ser superados pelos malefícios da exposição à poluição do ar depois de muitas horas", afirmou Thiago Hérick de Sá, pesquisador do Departamento de Nutrição da Faculdade de Saúde Pública da Universidade de São Paulo (FSP-USP).

[...]

Cidades do futuro

Hérick, ao lado de pesquisadores da Austrália, Estados Unidos, Inglaterra, China e Índia, chegou à conclusão de que em cidades onde moradia, postos de trabalho e serviços estão mais próximos uns dos outros, há a possibilidade de aumento do número de pessoas que utilizariam modos ativos de transporte. Esse aumento teria por consequência a redução de poluentes e de mortes.

[...]

LOBO, Renato. Poluição do ar anula os benefícios da pedalada? **Vá de bike**, 29 nov. 2016. Disponível em: <http://vadebike.org/2016/11/bicicleta-poluicao-saude-estudo/>. Acesso em: abr. 2020.

10 Agora, analise o texto e reveja o que você estudou neste ano.

a) Identifique o título do texto. Depois, escreva um título de sua autoria.

_____

_____

b) Essa notícia, que não tem texto introdutório, foi parcialmente cortada. Escreva um parágrafo que apresente ao leitor o conteúdo mantido.

_____

_____

c) Qual foi a conclusão do estudo a respeito dos efeitos da poluição sobre quem pedala?

_____

_____

_____

d) Discuta as questões a seguir com os colegas. Anote as conclusões de vocês.

- A notícia fala em "modo ativo de locomoção", isto é, a locomoção com gasto de energia corporal, por exemplo, caminhando ou pedalando.

   Quais podem ser os benefícios dessa forma de locomoção?

   _____

   _____

   _____

- Em que situações os veículos motorizados são importantes?

   _____

   _____

   _____

- Converse com os colegas: Substituir os automóveis de uma cidade por transporte público de qualidade e bicicletas seria bom ou ruim? Por quê?

11 Leia o texto a seguir.

Amazônia fecha 2019 com 89 mil focos de queimadas, 30% a mais que 2018

Em 2019 foram registrados 89.178 focos de queimadas na Amazônia.

O ano de 2019 fechou com um aumento de 30% no número de queimadas registradas na Amazônia, em comparação a 2018, segundo dados finais do Inpe (Instituto Nacional de Pesquisas Espaciais). Foram registrados 89.178 focos no bioma, contra 68.345 no período anterior. Na década, 2019 foi o terceiro ano com maior número de focos de queimadas registrados, atrás de 2017 (107.439) e 2015 (106.438).

Focos de queimadas na Amazônia

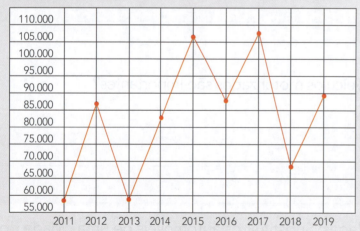

Fonte: Inpe

Depois de duas quedas seguidas em setembro e outubro, nos dois últimos meses do ano a Amazônia voltou a registrar alta, com destaque para dezembro, quando houve um aumento de 80% em comparação a 2018.
[...]

Satélites com sensores óticos

Para chegar aos números, o Inpe utiliza nove satélites que possuem sensores óticos. São enxergados por eles fogo com pelo menos 30 metros de extensão por 1 metro de largura.

O biólogo Rômulo Batista, da campanha de Amazônia do Greenpeace, afirma que um outro dado de 2019 pode ser ainda mais preocupante — mas que ainda não foi fechado: a área queimada.

"Nesse caso, o dado de dezembro não foi publicado, mas em 2018 foram 43 mil km² queimados, enquanto em 2019 até novembro foram 70 mil km². Ou seja, um aumento de 63%. Isso é bastante crítico", diz.

Um dos pontos que chamam a atenção do biólogo é que, ao contrário de outro anos, em 2019 não houve fenômenos ambientais que tornaram o clima mais seco [...]. "Setembro e outubro tivemos, inclusive, mais chuva que a média, o que contribuiu para que os números não fossem ainda piores", afirma, citando a falta de ações do governo como um dos fatores para a alta.

> "Falta ao governo um programa ambiental, assim como ele não coibiu o aumento de desmatamento — que já indicava números crescentes antes da explosão das queimadas. E quando iniciou a temporada de queimadas, se eximiu da culpa, e só depois tardiamente que agiu."

Sobre o "efeito sanfona" dos números de queimadas ao longo dos anos medidos pelo Inpe, o biólogo afirma que não é algo simples — e é difícil ter dados precisos. "Todo fogo na Amazônia tem a ver com ação humana. E existem dois grandes indicativos para explicar essa alta: ano de seca muito forte, que faz com que o fogo se alastre mais facilmente, como houve em 2004; ou esse aumento coincide com um pico de desmatamento. Por isso não é linear."

MADEIRO, Carlos. Amazônia fecha 2019 com 89 mil focos de queimadas, 30% a mais que 2018. **UOL**, 8 jan. 2020. Disponível em: < https://noticias.uol.com.br/meio-ambiente/ultimas-noticias/redacao/2020/01/08/amazonia-fecha-2019-com-89-mil-focos-de-queimadas-30-a-mais-que-2018.htm?cmpid=copiaecola>. Acesso em: maio 2020.

Manifestação em defesa da Amazônia após a alta dos focos de queimadas em agosto de 2019.

12 Analise o texto e reveja o que você estudou neste ano.

a) Identifique o título do texto. Depois, escreva um título de sua autoria.

_____

_____

_____

b) Essa notícia não tem texto introdutório, que resume e apresenta o assunto ao leitor. Escreva um parágrafo curto como texto introdutório para a notícia.

_____

_____

_____

c) A notícia traz o que em jornalismo é chamado de olho.

- Circule no texto o olho da notícia.
- Qual é a função do olho em uma notícia de jornal?

_____

_____

d) Agora responda às questões a seguir.

- Quais foram os três anos em que foram detectados mais focos de incêndio desde 2011? _____

- Quantos focos de incêndio foram detectados em cada um desses anos?

_____

- De acordo com a notícia, qual é a principal causa dos incêndios detectados?

_____

_____

- Quais podem ser as consequências desses incêndios? Anote as conclusões no caderno.

Reprodução proibida. Artigo 184 do Código Penal e Lei n. 9 610, de 19/2/1998.

Chegou a hora de finalizar este trabalho.

É o momento de fazer um jornal ou uma revista de verdade.

Como fazer

1. Escolha o tema da notícia ou reportagem que você vai escrever. O tema deverá ter sido estudado nas suas aulas de Ciências deste ano.

2. Escreva a primeira versão da sua notícia ou reportagem. Considere-a o seu rascunho.

3. Releia seu texto e defina títulos e subtítulos.

4. Escreva um texto introdutório, que resuma a notícia ou reportagem.

5. Crie um boxe com alguma informação específica da notícia ou reportagem.

6. Reveja o texto e modifique o que julgar necessário.

7. Peça a um colega que leia o seu texto; ele fará críticas e também revisará o que você escreveu. Faça o mesmo com o texto dele.

8. Reescreva o texto procurando atender aos comentários do colega.

9. Acrescente as imagens: fotos e ilustrações. Não se esqueça de registrar os créditos dessas imagens.

10. Com os colegas e com a ajuda do professor, organize a sequência de páginas do jornal que a turma está produzindo.

Ilustrações: Banco de imagens/Arquivo da editora

Ciências e Linguagem

Projeto Ápis

CADERNO DE ATIVIDADES

CIÊNCIAS

5º ANO

Ensino Fundamental

NOME: _____ TURMA: _____

ESCOLA: _____

editora ática

Sumário

Unidade 1 ▶ Explorar é preciso
Capítulo 1 – Unidades de conservação e áreas verdes, **4**
Capítulo 2 – Exploradores da Terra, **6**
Capítulo 3 – Exploradores do Universo, **9**

Unidade 2 ▶ O corpo dinâmico
Capítulo 4 – Movimente-se, **11**
Capítulo 5 – Por dentro do corpo, **13**

Unidade 3 ▶ Ser saudável
Capítulo 6 – Nossa alimentação, nossa saúde, **16**
Capítulo 7 – Nosso estilo de vida, nossa saúde, **18**
Capítulo 8 – Nossos hábitos de consumo e a "saúde" do planeta, **21**

Unidade 4 ▶ Admirável mundo novo
Capítulo 9 – Materiais no lixo e reciclagem, **23**
Capítulo 10 – Ciência, tecnologia e o nosso futuro, **25**

Uma leitura – um resumo, **28**

Unidade 1

Capítulo 1
Unidades de conservação e áreas verdes

1 Analise a área verde estudada por algumas crianças. Depois, complete a tabela da página seguinte para descrevê-la.

Nome: quaresmeira.
Descrição: planta arbórea, natural do Brasil. Floresce de forma exuberante próximo ao período religioso da quaresma, que vai da quarta-feira de cinzas ao domingo de Páscoa, mas também pode dar flor em outras épocas do ano.

Nome: grama são-carlos.
Descrição: planta rasteira, resistente, cultivada para gramados de jardins.

Nome: alamanda.
Descrição: arbusto nativo do Brasil. Flores em forma de funil, mais abundantes na primavera e no verão. Muito usado como cerca viva.

Nome: cana-índica, biri ou beri.
Descrição: planta ornamental, herbácea, de até 1,5 m de altura, cujas flores, grandes, florescem quase o ano inteiro. Própria para locais que recebem sol diretamente.

	Nome popular da planta	Número de plantas identificadas
Planta rasteira		
Arbusto		
Árvore		
Epífita		

2 Depois de conhecer os parques nacionais, responda: Por que é importante criar unidades de conservação como os parques nacionais?

Parque Nacional da Serra da Capivara (PI), em 2019.

_____
_____
_____

Unidade 1

Capítulo 2
Exploradores da Terra

1 Vamos fazer uma bússola?

Material
- Fita adesiva
- Uma agulha grande de costura
- Um ímã
- Um pedaço de cortiça redondo (3 cm de diâmetro)
- Um prato fundo com água

Como fazer

1. Comece transformando a agulha em ímã. Para isso, esfregue suavemente, sempre no mesmo sentido, uma extremidade do ímã em toda a extensão da agulha aproximadamente trinta vezes. A mão que segura a agulha deve ficar parada, apoiada sobre a mesa; a outra mão, que segura o ímã, é que deve fazer os movimentos.

Atenção
Segure a agulha firmemente e apoie a mão sobre uma mesa. Assim você evitará acidentes.

2. Com um pedaço de fita adesiva, fixe a agulha magnetizada sobre a cortiça. Destaque e cole o mostrador para a sua bússola na página 3 do **Ápis divertido**. Por fim, deixe o conjunto agulha-cortiça flutuando em uma vasilha com água.

3. Observe o que acontece. Depois, troque ideias com os colegas e responda: Como podemos nos certificar de que a agulha da bússola construída por você indica realmente a direção norte-sul?

_____
_____
_____
_____

2 Vamos brincar de caça ao tesouro com o auxílio de uma bússola. Um grupo de alunos deve espalhar pistas pela escola com as indicações de onde está o tesouro. Exemplo de pista: "Caminhe 10 passos para o leste; depois, dê 3 passos para o norte: aí você encontrará a próxima pista". Para seguir as pistas até o tesouro, os outros alunos também vão precisar de uma bússola.

3 Sua turma está preparando uma revista chamada Exploradores da natureza. Aplicando o que você aprendeu até aqui, escreva um texto considerando o título, a imagem e a legenda abaixo.

Uma volta pelo mundo

Selo em homenagem a Cristóvão Colombo, retratado ao lado das embarcações que o levaram à descoberta da América no ano de 1500.

4 Mariana quer ser uma grande exploradora. Ela adora ouvir relatos das expedições dos exploradores da Terra. Sobre o mapa-múndi pendurado na parede de seu quarto, a menina anotou o percurso das duas primeiras viagens que pretende fazer pelo mundo.

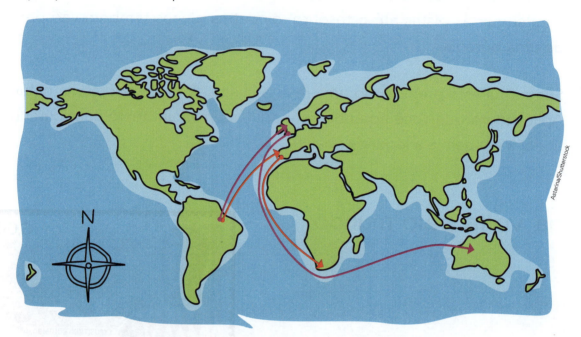

a) Parte da primeira viagem planejada pela menina apresenta percurso coincidente ao percorrido por Vasco da Gama. Qual é a cor da rota correspondente a essa viagem? Como você chegou a sua conclusão?

_____

_____

_____

b) A segunda viagem programada percorre uma porção da rota desenvolvida por um grande explorador da Terra. Quem é esse explorador? Para responder, analise as páginas 26 e 27 do seu livro.

_____

c) Imagine que você pudesse sugerir à Mariana uma nova viagem com o mesmo destino da expedição de Roald Amundsen, em 1910. Considerando o ponto de partida das viagens anteriores, a menina deveria seguir para a direção norte ou sul?

_____

8

Unidade 1

Capítulo 3
Exploradores do Universo

1 A revista Exploradores da natureza, que sua turma está preparando, precisa de mais um texto. Com o título dado abaixo, escreva um texto no espaço a seguir, considerando a fotografia, a legenda e o que você aprendeu sobre o assunto.

Mistérios do Sistema Solar

Superfície do planeta Marte em fotografia obtida por uma sonda espacial.

2 Para cada conjunto de palavras abaixo elabore um texto e um esquema para sintetizá-lo.

| Sistema Solar | Terra | planetas |

_____
_____
_____
_____

| Terra | astronautas | foguetes |

_____
_____
_____
_____

| Sistema Solar | estrela | planetas | luas |

_____
_____
_____
_____

Unidade 2

Capítulo 4
Movimente-se

1 Depois de andar de bicicleta por meia hora, Lico estava com fome e queria comer algo. Observe o que aconteceu.

- Será que Lico precisa comer praticamente o bolo inteiro para suprir suas necessidades energéticas? Analise a tabela abaixo e escreva a sua conclusão.

Alimentação / atividade	Valor / gasto energético
1 fatia de bolo de chocolate	fornece cerca de 230 kcal
andar de bicicleta por meia hora	consome cerca de 225 kcal

2 A primeira tabela apresenta o gasto energético de uma pessoa abaixo de 60 quilos associado à natação em diferentes estilos. Com base nesses dados, analise o treino de uma aula de natação de, aproximadamente, 60 minutos, apresentado na segunda tabela, e desvende: Qual foi o gasto energético do atleta durante esse treino?

Estilo de natação	Gasto energético (em kcal/hora)
Nado livre, ritmo forte	590
Nado livre, ritmo lento	413
Nado de costas	413
Nado de peito, ritmo forte	590
Nado borboleta	649
Brincar na água	354

Treino realizado	Tempo de atividade em minutos	Gasto energético
Aquecimento com nado livre, ritmo lento	2	
Nado livre, ritmo forte	5	
Nado de costas	2	
Nado livre, ritmo forte	10	
Nado de costas	2	
Nado borboleta	2	
Nado livre, ritmo forte	5	
Nado borboleta	2	
Nado livre, ritmo forte	10	
Brincar na água	5	
Total		

Capítulo 5
Por dentro do corpo

1 Um aluno desenhou as estruturas do corpo relacionadas à digestão. Só que ele indicou errado o nome de algumas estruturas e se esqueceu de escrever o nome de outras. Refaça o desenho, no quadro abaixo, com as correções e indicações necessárias.

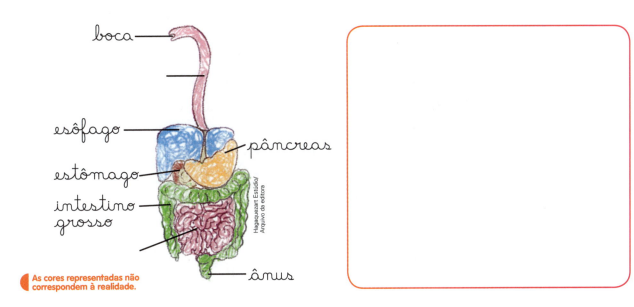

As cores representadas não correspondem à realidade.

2 Explique o que acontece em cada uma das seguintes estruturas do corpo humano: estômago, fígado, intestino delgado, intestino grosso. Nas suas respostas, utilize os termos do banco de palavras.

| alimento | fezes | digestão | água | absorção |

_____
_____
_____
_____
_____
_____

3 Descubra cada uma das estruturas descritas nas frases a seguir. Depois, encontre-as no diagrama.

- Nome das estruturas que formam o nosso corpo e que podem ser vistas ao microscópio. _____

- Nome das cavidades da parte inferior do coração. _____

- Nome das estruturas microscópicas que fazem parte dos pulmões. _____

- Nome de um "tubo" por onde o ar passa dentro do corpo. _____

- Nome do vaso sanguíneo por onde o sangue sai do coração e segue para o resto do corpo. _____

```
N  A  P  D  F  O  F  W  Ç  H  D  U
X  W  T  R  A  Q  U  E  I  A  O  C
T  V  E  N  T  R  Í  C  U  L  O  S
Ç  T  Ó  C  A  E  O  F  S  A  S  I
U  V  H  É  U  A  B  H  A  C  Õ  M
S  A  U  L  O  Õ  V  Z  S  A  B  N
D  I  F  U  O  I  U  U  O  O  E  Z
K  A  E  L  M  H  U  G  X  A  E  N
U  T  B  A  O  R  T  A  H  B  J  H
J  A  M  S  Ô  Ü  L  Ã  H  U  B  E
A  G  M  A  A  L  V  É  O  L  O  S
A  J  O  F  Í  U  A  S  H  Z  U  D
```

4 Observe as respostas que um aluno deu para as perguntas feitas no quadro abaixo. Analise-as e, no caderno, indique as correções.

Pergunta	Respostas dadas por um aluno
Quantos pulmões temos?	1 pulmão.
O que existe dentro do coração?	Ar e sangue.
O que é traqueia?	É uma veia do corpo.
Por onde passa o ar que respiramos?	Pelo nariz e pela boca.

5 A cruzadinha já está resolvida. Agora, crie frases para cada um dos itens usando o banco de palavras.

| filho | 7ª semana | mãe | estrutura | desenvolvimento | gestante |
| ser | nutrientes | mulher | produzidos | fecundação | 8ª semana | homem |

Cruzadinha:
- 1: FETO
- 2: ESPERMATOZOIDE
- 3: ÓVULO
- 4: CORDÃO UMBILICAL
- 5: GRAVIDEZ
- 6: EMBRIÃO
- 7: TESTÍCULOS

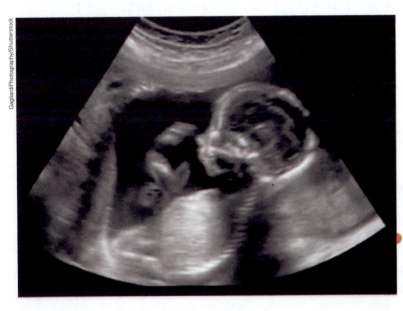

Exame de ultrassom mostrando feto de quatro meses no interior do útero materno.

Unidade 2 — Caderno de atividades

15

Unidade 3

Capítulo 6

Nossa alimentação, nossa saúde

1 Leia as informações na embalagem do biscoito integral e na do macarrão.

Valor nutricional médio em 100 g do produto:
Valor energético (kcal) 433,7
Proteínas (g) 9,3
Carboidratos (g) 70,9
Lipídios (g) 13,6
Fibra alimentar (g) 3,2

Validade: 04/11/2023

Conservar em lugar fresco e seco.

INFORMAÇÕES NUTRICIONAIS
100 g deste produto contêm em média:
Carboidratos ....75 g
Lipídios ....1 g
Proteínas ....14 g
Calorias (kcal) 365

Validade: 09/09/2023

Conservar em lugar seco e arejado.

2 Utilize as informações das embalagens dos alimentos para completar o quadro que um aluno começou a fazer.

	Biscoito integral	Macarrão
Data de validade	04/11/2023	09/09/2023
Análise nutricional (100 g do produto)	proteínas 9,3 g carboidratos ____ lipídios ____ fibras ____	
Valor energético (100 g do produto)		
Condições de conservação		

16

3 A tirinha abaixo está relacionada ao tema "O que tem nos alimentos". Solte sua criatividade e, no caderno, faça uma tirinha bem-humorada para mostrar algo que você aprendeu sobre esse tema neste capítulo.

Tirinha de Laerte.

4 Acompanhe a conversa entre pai e filha.

- Agora, faça o papel do adulto: Argumente usando o que você aprendeu ao estudar a pirâmide alimentar.

_____
_____
_____

Unidade 3

Capítulo 7
Nosso estilo de vida, nossa saúde

1 O gráfico abaixo reproduz os resultados de uma pesquisa sobre hábitos alimentares de um grupo de dez pessoas. Leia os comentários feitos em forma de notas pelo pesquisador e identifique qual coluna do gráfico corresponde a cada uma das anotações.

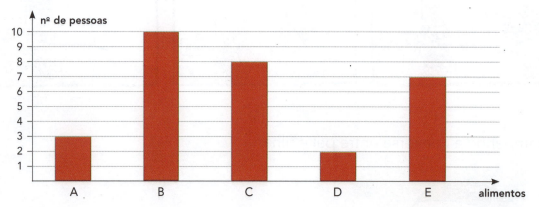

☐ Todas as pessoas têm o hábito de tomar refrigerante todos os dias.
☐ Oito pessoas costumam comer doce com frequência.
☐ Somente duas pessoas comem salada diariamente.
☐ Sete pessoas têm o hábito de comer batata frita constantemente.
☐ Três pessoas costumam comer fruta todos os dias.

2 Analise os hábitos alimentares revelados na pesquisa e responda às dúvidas das crianças no caderno.

Essas pessoas estão comendo muitos alimentos com elevado teor de gorduras e calorias?

O que poderia justificar os hábitos de consumo desse grupo de pessoas?

Quais podem ser as consequências desses hábitos alimentares a longo prazo?

Que mudanças nos hábitos alimentares você sugeriria para as pessoas desse grupo?

18

3 Você e os colegas têm hábitos que promovem a saúde? Uma forma de descobrir isso é fazendo entrevistas.

Material
- Caderneta de anotações
- Cartolina
- Prancheta

Como fazer

1. Em duplas, elaborem um questionário para conhecer os hábitos de quem vocês vão entrevistar. Vamos perguntar:

2. Selecionem pessoas de diferentes classes da escola para serem entrevistadas. Registrem as conversas em uma caderneta de anotações. Se possível, gravem as entrevistas.

3. Em uma tabela, listem as perguntas que vocês escolheram e as pessoas que entrevistaram. Organizem as informações coletadas.

4. Compartilhem o resultado das entrevistas com os colegas. Em geral, as pessoas entrevistadas têm hábitos que promovem a saúde?

4 Complete o pôster de divulgação que a turma está elaborando para fixar no mural da escola. Escreva recomendações curtas para cada figura.

ESTILO DE VIDA SAUDÁVEL

Ilustrações: Animashka/Shutterstock

● Que outras indicações sobre estilo de vida saudável você e os colegas poderiam escolher para confeccionar um segundo cartaz?

_____

_____

_____

_____

Unidade 3

Capítulo 8
Nossos hábitos de consumo e a "saúde" do planeta

1 A tirinha mostra a reação de Cascão e Marcelinho ao encontrarem um vazamento de água na rua. O motivo da preocupação de Cascão foi o medo de água.

Turma da Mônica, de Mauricio de Sousa.

a) Qual pode ter sido o motivo da preocupação de Marcelinho?

_____

_____

_____

b) Qual o estado físico da água encontrada pelos meninos?

_____

c) Imagine que o Cascão e o Marcelinho tenham passado, pela manhã, por uma poça de água na rua e, no final da tarde, ao passar pelo mesmo local tenham notado que não havia mais nenhuma poça. Se ninguém secou a rua, o que pode ter acontecido?

_____

_____

d) Converse com os colegas: Vocês já passaram por situação semelhante à vivenciada por Cascão e Marcelinho? O que sentiram?

2 Dê um título para o texto abaixo.

_____

Cara ou coroa,
que será que vai dar?
Ninguém sabe ao certo
jogue pra verificar.

Para muitas invenções
o mesmo pode apostar
positivo, negativo
É uma questão de olhar.

É assim que elas são
assim sempre serão
os dois lados da moeda
invenções sempre terão.

Texto do autor.

- Termine de ilustrar o texto, desenhando o que a "outra face" das últimas moedas conteria.

3 Agora é hora do debate: Será que podemos dizer que, assim como as invenções, o consumo de recursos naturais sempre terá aspectos positivos e negativos? Troque ideias com os colegas e argumente a favor de seu ponto de vista.

Unidade 4

Capítulo 9
Materiais no lixo e reciclagem

1 Leia atentamente a reportagem a seguir e responda às questões.

Brasil é o 4º país do mundo que mais gera lixo plástico

[...]
Segundo o estudo lançado pelo WWF, o volume de plástico que vaza para os oceanos todos os anos é de aproximadamente 10 milhões de toneladas, o que equivale a 23 mil aviões Boeing 747 pousando nos mares e oceanos todos os anos – são mais de 60 por dia. [...]

De acordo com o estudo:

"O plástico não é inerentemente nocivo. É uma invenção criada pelo homem que gerou benefícios significativos para a sociedade. Infelizmente, a maneira [como] indústrias e governos lidaram com o plástico e a maneira [como] a sociedade o converteu em uma conveniência descartável de uso único transformou esta inovação em um desastre ambiental mundial.

Aproximadamente metade de todos os produtos plásticos que poluem o mundo hoje foram criados após 2000. Este problema tem apenas algumas décadas e, ainda assim, 75% de todo o plástico já produzido já foi descartado."

Lixo plástico em praia da Malásia, em 2016.

No Brasil

O Brasil, segundo dados do Banco Mundial, é o 4º maior produtor de lixo plástico no mundo, com 11,3 milhões de toneladas, ficando atrás apenas dos Estados Unidos, China e Índia. Desse total, mais de 10,3 milhões de toneladas foram coletadas (91%), mas apenas 145 mil toneladas (1,28%) são efetivamente recicladas, ou seja, reprocessadas na cadeia de produção como produto secundário. Esse é um dos menores índices da pesquisa e bem abaixo da média global de reciclagem plástica, que é de 9%.
[...]

WWF. Brasil é o 4º país do mundo que mais gera lixo plástico, 4 mar. 2013. Disponível em: <https://www.wwf.org.br/?70222/Brasil-e-o-4-pais-do-mundo-que-mais-gera-lixo-plastico>. Acesso em: 30 mar. 2020.

a) De todo o lixo plástico produzido no Brasil, qual é a porcentagem destinada à reciclagem? Explique de que maneira a reciclagem reduz a exploração de recursos naturais.

_____

_____

_____

b) Considerando as informações do texto e da tabela abaixo, complete o gráfico com os nomes dos países que mais produzem plástico.

	Total de lixo plástico gerado (em toneladas)	Total reciclado (em toneladas)
Estados Unidos	70 782 577	24 490 772
China	54 740 659	12 000 331
Índia	19 311 663	1 105 677
Brasil	11 355 220	145 043

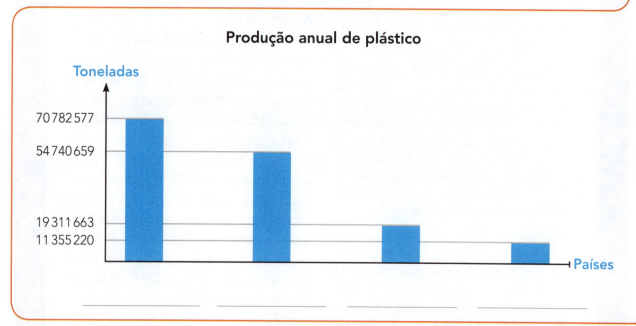

Fonte: KAZA, Silpa; YAO, Lisa; BHADA-TATA, Perinaz, WOERDEN, Frank Van. **What a Waste 2.0: A Global Snapshot of Solid Waste Management to 2050.** Washington: The World Bank, 2018. (Urban Development Series)

c) Converse com os colegas: De que maneira vocês podem diminuir a quantidade de lixo plástico gerado pelas atividades na escola?

24

Unidade 4

Capítulo 10

Ciência, tecnologia e o nosso futuro

1 Leia o texto e conheça o final da história de Prometeu.

Passados muitos anos, Prometeu se livrou do seu castigo.

Mas os planos de Zeus para os seres humanos não haviam acabado.

O senhor de todos os deuses presenteou Epimeteu, irmão de Prometeu, com Pandora, o ser humano mais perfeito que até então havia sido criado.

E Pandora não vinha só. Trazia com ela uma caixa dada por Zeus junto com uma instrução:

— Leve esta caixa sempre com você. Não a abra por nada. Lembre-se: jamais viole o segredo da caixa!

* * *

Mas foi questão de tempo até Pandora ficar curiosa:

"Vou abrir a caixa só um pouquinho", pensou ela. "Uma caixa assim tão pequena e delicada nada ruim há de guardar."

E, tal como planejara Zeus, ao abrir a caixa, Pandora libertou todos os males que desde então afligem a humanidade.

Então Zeus finalmente aquietou-se:

— A partir de agora a vida dos humanos será uma luta constante contra as dificuldades. Assim, jamais aspirarão ao meu trono.

Adaptado de: AGUSTÍN, Sílvia; CEREZALES, Manuel. **Prometeo**. Madri: Anaya, 1993.

- O que será que Pandora libertou ao abrir a caixa que ganhara de Zeus? Em uma folha avulsa faça um desenho.

2 Troque ideias com os colegas sobre o tema abaixo. Depois, escreva as suas conclusões no caderno.

> O conhecimento científico e tecnológico tem sido sempre utilizado em favor da qualidade de vida das pessoas?

3 No caderno, desenhe as áreas da cidade mostradas nas imagens, modificando-as. Procure representar o que as pessoas sugerem.

4 Leia a história em quadrinhos e depois responda às perguntas.

Turma da Mônica, de Mauricio de Sousa.

a) Qual é a invenção humana que mereceu destaque nessa história?

_____

b) Qual aspecto dessa invenção desagradou a Mônica?

_____

_____

c) Reflita sobre a história em quadrinhos e reveja o que você estudou na última unidade do livro. Na sua opinião, o avanço do conhecimento científico e tecnológico se relaciona exclusivamente a benefícios para os seres humanos?

Uma leitura – um resumo

Unidade 1 – Explorar é preciso

Leia o poema abaixo, que fala sobre a exploração do planeta Marte. Depois, escolha um acontecimento da exploração espacial ou do planeta Terra, estudado na unidade 1, e escreva um poema sobre ele.

> Em sua resposta, procure resumir os assuntos mais importantes que você aprendeu na unidade 1 do livro.

Marte: a aventura do robô Sojourner

Mandaram um robô para missão em Marte
E ele rodou, rodou, rodou por toda a parte.
Sua tarefa era vasculhar todo o planeta,
Mais vermelho que pimenta-malagueta.
Trabalhava sem parar, não precisava de comida
E tentava achar no solo algum vestígio de vida.
Nunca procurou seres-de-cabeça-roxa,
Mas pesquisou pedras e grandes rochas.
Não é que os cientistas fizeram grande maldade:
Largar o coitado em Marte, morrendo de saudade.
Pois ficará por lá, pererecando, a vida inteira,
Deixando aqui na Terra, sua amiga, a batedeira.

SANTOS, José; HADDAD, Mariângela. **Estrelas do céu e do mar**. São Paulo: Paulus, 2005.

Unidade 2 – O corpo dinâmico

◻ Leia o texto abaixo e relembre o que você estudou na unidade 2. Depois, no caderno, responda: As partes do nosso corpo dependem ou não umas das outras? Explique sua resposta.

> Em sua resposta, procure resumir os assuntos mais importantes que você aprendeu na unidade 2 do livro.

A barriga e os membros

Certo dia, ocorreu aos membros do corpo que só eles trabalhavam enquanto a barriga sozinha recebia toda a comida.

Eles decidiram então fazer uma reunião e, após longa discussão, resolveram entrar em greve até que a barriga concordasse em realizar uma parte do trabalho.

Durante alguns dias, as mãos se recusaram a pegar alimentos, e a boca se recusou a recebê-los.

Passado algum tempo, no entanto, os membros começaram a se sentir fracos. As mãos não conseguiam se mexer, a boca murchou e as pernas nem eram capazes de se sustentar sobre os pés.

Assim, os membros descobriram que a barriga, a seu modo, realiza uma tarefa importante para o corpo, e que todos devem trabalhar juntos e fazer a sua parte para que o corpo possa funcionar.

A barriga e os membros. **UOL Crianças**. Disponível em: <http://www1.uol.com.br/criancas/fabulas/noflash/barriga.html>. Acesso em: maio 2020.

Unidade 3 – Ser saudável

1 Leia a HQ abaixo. Depois, reflita: Uma das coisas de que precisamos para uma vida saudável é ter atitudes positivas diante dos acontecimentos. Escreva no caderno exemplos de atitudes positivas que você pratica ou já praticou em sua vida.

> Em sua resposta, procure resumir os assuntos mais importantes que você aprendeu na unidade 3 do livro.

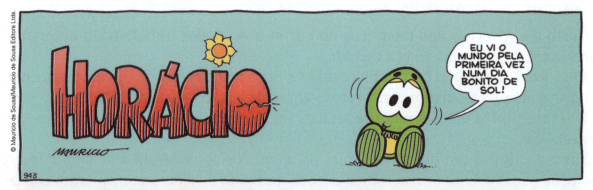

Horácio, de Maurício de Sousa.

Unidade 4 – Admirável mundo novo

Leia o texto abaixo, a respeito da infância de um grande inventor brasileiro. Depois, no caderno, responda: Em sua opinião, como as invenções podem transformar o mundo em que vivemos?

> Em sua resposta, procure resumir os assuntos mais importantes que você aprendeu na unidade 4 do livro.

Santos Dumont inventor

Santos Dumont gostava de brincar e gostava de ler. Sabia que lendo é que se aprende muita coisa que a gente não sabe.

O pequeno Santos Dumont adorava os livros de Júlio Verne.

Júlio Verne contava histórias fantásticas. Para o mundo daquele tempo, elas eram assombrosas. Faça só uma ideia: os livros de Júlio Verne narravam, por exemplo, viagens ao fundo do mar e viagens espaciais.

Essas leituras encantavam Santos Dumont. Seria possível tudo aquilo? Por que não?

Algumas pessoas mais velhas achavam aquelas ideias absurdas e impraticáveis. O menino Santos Dumont não acreditava em coisas impraticáveis. Para ele não existia a palavra "impossível". Parafusando os miolos, punha-se a pensar longamente. Não podia acreditar que fosse coisa impossível o homem conquistar o espaço.

O bicho-carpinteiro, que existe em todo inventor, começava a fazer das suas. Santos Dumont começou a pensar no problema que ninguém soubera ainda resolver: voar. Não queria apenas se distrair com qualquer brinquedo para matar o tempo. Ele mesmo construía as suas pipas. Comprava o papel, estudava o tamanho das varetas como se estivesse construindo alguma coisa muito importante.

Soltava depois a pipa. Atento, ninguém seria capaz de distraí-lo. Não perdia um só dos movimentos da pipa no ar. Sabia a direção do vento; conhecia, mais que qualquer um, a arte de empinar pipas.

BARBOSA, Francisco de Assis. **Santos Dumont inventor**. Rio de Janeiro: José Olympio, 2007. (Adaptado.).